This Is Chemistry

这就是化学

ELEMENTARY AND SUBSTANCES 单质和 COMPOUNDS 化合物 ③

米莱童书 著绘

中信出版集团 | 北京

推荐序

非常高兴向各位家长和小朋友推荐"这就是化学"科普丛书。这是一套有趣的化学漫画书，它不同于传统的化学教材，而是用孩子们乐于接受的漫画形式来普及化学知识。这套丛书通过生动的画面、有趣的故事，结合贴近日常生活的场景，在轻松、愉悦的氛围中传授知识，深入浅出，寓教于乐。它不仅能够帮助孩子初步认识化学，还能引导他们关注身边的化学现象，培养对化学的浓厚兴趣。

化学是一个美丽的学科。世界万物都是由化学元素组成的。化学有奇妙的反应，有惊人的力量，它看似平淡无奇，却在能源、材料、医药、信息、环境和生命科学等研究领域发挥着其他学科不可替代的作用。学习化学是一个神奇且充满乐趣的过程，你会发现这个世界每时每刻都在发生奇妙的化学变化，万事万物都离不开化学。世界上的各种变化不是杂乱无章的，而是有其内在的规律，都被各种化学反应式在背后"操控"。学习化学就像是"探案"，有实验室里见证奇迹的过程，也有对实验结果的演算分析。

化学所涉及的知识与我们的日常生活息息相关，化学变化和化学反应在我们的身边随处可见。在这套科普绘本里，作者用新颖的形式带领孩子探究隐藏在身边的"化学世界"：铁钉为什么会生锈？苹果是如何变成苹果醋？蜡烛燃烧之后变成了什么？为什么洗洁精可以洗净油污？用什么东西可以除去水壶里的水垢？……这些探究真相的过程，可以培养孩子学习化学知识的兴趣，也是提高科学素养的过程。

愿孩子们能从这套书中收获化学知识，更能收获快乐！

中国科学院院士，高分子化学、物理化学专家

目 录

单质和化合物

现在你认识了元素，也知道了元素组成了世界万物。但在学习和研究化学的过程中，还需要了解一些不同类别的物质。

先来给它们各自画一张肖像。

了解物质

了解单质和化合物前，要先了解物质的分类，物质分为**纯净物**和**混合物**。

顾名思义，纯净物要纯净。

纯净物，简单地说，就是由**同一种物质**组成的。

比方说这块铁，它是由铁这一种物质组成的。

除了铁，它不含其他任何物质，所以是纯净物。

Fe

如果我们在这块铁中加点碳，它就不再是纯净物了。

认识纯净物

物质是不是纯净物有时并不容易辨认，它们的名字可能还会欺骗你，比如**冰水混合物**。

关于这个问题，如果从微观的角度就可以很好地解释清楚啦！

别看热闹了，你来说！

从微观角度讲，纯净物是**由同一种微粒**构成的。

还记得我们吗？

你们还记得什么是微粒吗？

冰和水虽然看起来不一样，但它们都是**由水分子**构成的，冰水混合物自然就属于纯净物了。

原来是纯净物呀！

当然了，冰块融化不就变成水了嘛，多简单呀！

嘿！要辨别清楚可没那么简单，需要多学习、多思考才行。

什么是单质

现在你已经了解了纯净物，**单质**就是一种纯净物。

快，该你上场啦！

你说得对，兄弟。

别着急，要先整理好形象才行。

大家好，我是单质，是由**同一种元素**组成的纯净物。

比如，这个气球里的**氦气**，它是由氦元素组成的单质。

我们可以对单质进行简单地分类，像氦气这样的惰性气体单质，还有碳、硫、硅、磷等，都是**非金属单质**。

金、银、铜、铁等都是**金属单质**。

朋友们，这没什么稀奇的，不要挤。

石墨和金刚石都是单质，且都是由碳元素组成的。

同一种元素可能会构成几种单质。

自然界中的**单质**并不常见。因为大多数元素的单质不稳定，容易与其他物质发生反应。

氧气、氮气以及**惰性气体**都是以单质的形式存在。

只不过平时我们看不到它们。

金属元素有很多，但只有少数的几种金属才会以单质的形式存在。

大多数金属很活泼，容易与其他物质发生反应。

比如你熟悉的**金**，在自然界中常以单质的形式存在。

金非常稳定，不容易与其他物质发生反应。

"真金不怕火炼"就是这个道理。

化合物的特性与组成它的元素的特性会有很大差别。

钠非常活泼，能够与许多物质发生反应。

而且作为一种金属，它可以燃烧。

氯元素你可能不太熟悉，它是一种非金属元素，同样也很活泼。

瞧，这个瓶子里装的是氯气，它是氯元素的单质。

氯气的颜色是黄绿色的。

氯气是一种具有毒性的气体。

可是和钠结合成氯化钠后，却变成了食盐中的主要成分。

许多元素组合在一起变成化合物后，会让你觉得非常神奇。

这就像变魔术一样。

你们瞧，这三个瓶子里装的是碳粉、氧气和氢气。

当然了，氧气和氢气是看不到的。

如果我们把以上物质中的碳元素、氧元素、氢元素按照12：11：22的比例进行组合，你猜它们会变成什么东西？

瞧！现在它们变成了一种很甜很甜的化合物。

就是**蔗糖**。

我们平时吃的白糖、红糖、冰糖的主要成分都是它。

有机物和无机物

化合物各不相同。

科学家把化合物分为两大类：**有机化合物**和**无机化合物**，简称**有机物**和**无机物**。

一般而言，有机物是含**碳元素**的化合物。

有机物都含有碳元素，但含碳元素的化合物却不一定是有机物。

从前，人们发现的**有机物**都是从生物体内分离出来的，所以人们认为有机物没办法人工合成。

有机物的意思是：来自生物体的化合物。

后来，有一位化学家人工合成了第一种有机物——**尿素**。

听这个名字你大概就能猜到，它和尿有关。

汗液中也含有少量的尿素。

此后，越来越多的有机物可以人工合成，"有机物"这个名字已经失去了最初的含义。但人们已经习惯了这个名称，就一直沿用了下来。

了解了有机物，再一起去认识**无机物**。

大多数酸、碱、盐都属于无机物。

酸由氢离子和酸根离子构成。

碱由金属离子或铵根离子和氢氧根离子构成。

盐由金属离子或铵根离子和酸根离子构成。

无机物还包括一类比较特别的化合物，叫作**氧化物**。它们都含有氧元素。

生活中你都会遇到哪些氧化物呢？

生活中的氧化物

木柴、煤炭、天然气燃烧后，也会生成氧化物。它们中的碳元素和空气中的氧元素结合，变成了二氧化碳。

二氧化碳是一种看不见的气体氧化物。

它的每个分子是由一个碳原子和两个氧原子构成的。

人们将空气中的氧气吸入体内。

人体内的糖类、蛋白质、脂肪等有机物与氧气反应，释放人体需要的能量。

同时，会产生大量的二氧化碳，被人体呼出。

我们虽然看不到二氧化碳，但每时每刻都在制造二氧化碳。

在千千万万的氧化物中，有一种氧化物是最重要的，它就是**水**。

水实在是太常见了。

口渴了需要喝水。

洗澡需要水。

冲浪时也离不开水。

但你肯定没想过，水是一种氧化物吧。

早期的时候，科学家对水的本质并不了解，认为水是一种元素。

后来，人们发现氢气在空气或氧气中燃烧能够生成水。但可惜受当时的错误观念束缚，他们没有认识到水的本质。

这个实验居然会产生水。

最终，科学家拉瓦锡通过实验得出了正确的结论，他认为水不是一种元素，而是一种氧化物。

将水电解后会形成氢气和氧气。

它们的体积之比是2：1，证明了水是由氢、氧两种元素按照2：1的比例组成的一种氧化物。

电解水的实验和拉瓦锡的实验原理差不多。

从太空中看，我们生活的地球是一颗漂亮的蓝色星球，这是因为地球表面大部分被水覆盖。地球上如此多的水是从哪里来的呢？

有的科学家认为，在形成地球的物质中原本就含有水。

也有科学家认为，地球形成的初期，时常发生火山喷发，将地球内部的水释放到大气中。大气中的水变成雨和雪落到地面，汇集成了江、河、湖、海。

还有科学家认为，地球上的水来自地球之外，彗星和一些小行星中富含水，是地球上水的主要来源。

单质和化合物的转化

单质和化合物间的互相转化，是通过**化学反应**完成的。

我们可以把单质和化合物比作各种不同的蔬菜。

当然了，不是所有的单质和化合物都会进行转化。

这就像食谱。

食材根据食谱才能被做成不同的菜。

接下来我们会演示些其他的。

你已经知道了有些单质可以组合成化合物，而有的化合物可以变成单质。

一种单质和一种化合物，可以形成新的单质和化合物。

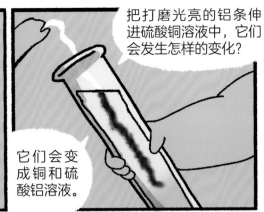

把打磨光亮的铝条伸进硫酸铜溶液中，它们会发生怎样的变化？

它们会变成铜和硫酸铝溶液。

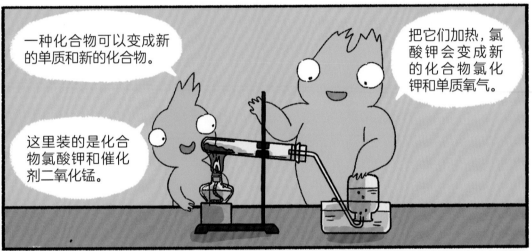

一种化合物可以变成新的单质和新的化合物。

把它们加热，氯酸钾会变成新的化合物氯化钾和单质氧气。

这里装的是化合物氯酸钾和催化剂二氧化锰。

氧化铁和一氧化碳都是化合物。

它们在高温的条件下，会变成单质铁和化合物二氧化碳。

两种不同的化合物也可以形成新的单质和化合物。

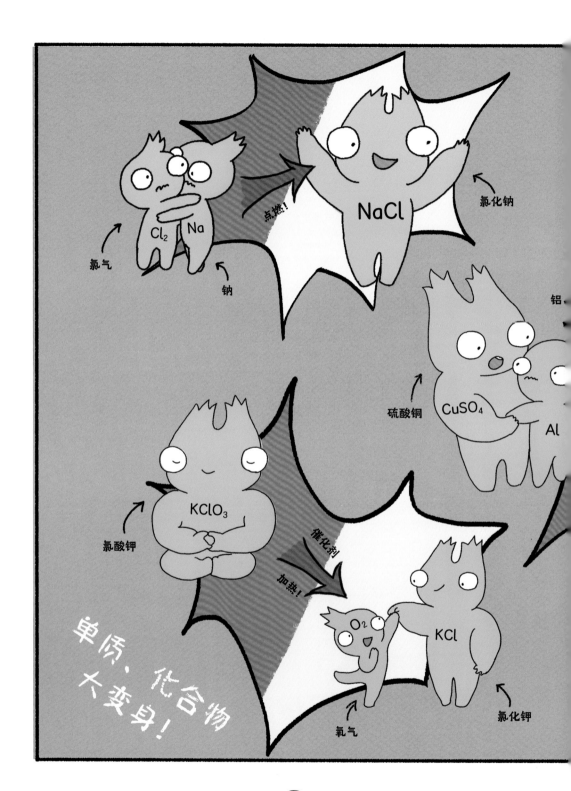

你会回答下面的问题吗？

瓶子里的○代表氢原子，●代表氯原子，
○○代表氢气分子，●●代表氯气分子，
○●代表氯化氢分子。

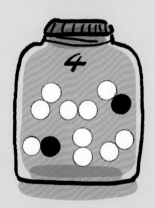

哪个瓶子里是纯净物？　　哪个瓶子里是混合物？

哪个瓶子里是单质？　　　哪个瓶子里是化合物？

问答收纳盒

什么是纯净物？　纯净物是由一种单质或一种化合物组成的物质。

什么是混合物？　混合物是由两种或两种以上的物质混合而成的物质。合金就是混合物。

什么是单质？　单质是由同一种元素组成的纯净物。常见的单质有氧气、金刚石和金。

什么是化合物？　化合物是由两种或两种以上的元素组成的纯净物。常见的化合物有水和二氧化碳。

什么是有机物？　有机物指的是一类含碳元素的化合物，早期只能从生物体内获得。蔗糖就是一种有机物。

什么是无机物？　与有机物相对的化合物，通常是指不含碳元素的化合物。食盐的主要成分氯化钠就是一种无机物。

什么是氧化物？　氧化物是由氧元素和另一种元素组成的化合物。水就是最常见的氧化物。

单质和化合物可以转化吗？　单质和化合物可以通过化学反应转化。

思考题答案

第34页　金属单质：金。非金属单质：硫、氯气。有机物：蔗糖、尿素。无机物：水、氯化钠、二氧化碳。

第35页　纯净物：1、2、3。混合物：4、5、6。单质：1、2。化合物：3。

作 者 团 队

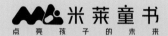
点 亮 孩 子 的 未 来

米莱童书，由国内多位资深童书编辑、插画家组成的原创童书研发平台，"中国好书"大奖得主、"桂冠童书"得主、中国出版"原动力"大奖得主。现为中国新闻出版业科技与标准重点实验室（跨领域综合方向）授牌的中国青少年科普内容研发与推广基地，致力于对传统童书进行内容与形式的升级迭代，开发一流原创童书作品，使其更加适应当代中国家庭的阅读与学习需求。

专 家 团 队

李永舫　中国科学院院士，高分子化学、物理化学专家
　　　　作序推荐
张　维　中科院理化技术研究所研究员，抗菌材料检测中
　　　　心主任　审读、推荐
亓玉田　北京市化学高级教师、省级优秀教师、北京市青
　　　　少年科技创新学院核心教师　知识脚本创作

创作组成员

特约策划：刘润东
统筹编辑：于雅致　陈一丁　王晓北
绘画组：辛颖　孙振刚　鲁倩纯　徐烨　杨琪　霍霜霞
美术设计：刘雅宁　董倩倩　张立佳　马司雯　胡梦雪

图书在版编目（CIP）数据

单质和化合物 / 米莱童书著绘 . -- 北京：中信出
版社，2023.12（2024.12重印）
　（这就是化学）
　ISBN 978-7-5217-6006-4

Ⅰ.①单… Ⅱ.①米… Ⅲ.①化学－少儿读物 Ⅳ.
①O6-49

中国国家版本馆 CIP 数据核字（2023）第 171272 号

单质和化合物
（这就是化学）

著　　绘：米莱童书
特邀总策划：刘润东
版式设计：米莱童书
制　　作：北京易书有道文化有限公司
出版发行：中信出版集团股份有限公司
　　　　　（北京市朝阳区东三环北路27号嘉铭中心　邮编　100020）
承 印 者：北京尚唐印刷包装有限公司

开　　本：889mm×1194mm　1/16　　印　　张：20　　字　　数：400千字
版　　次：2023年12月第1版　　　　　印　　次：2024年12月第8次印刷
书　　号：ISBN 978-7-5217-6006-4
定　　价：200.00元（全8册）

出　品：中信儿童书店
图书策划：火麒麟
策划编辑：范萍 王平 马月敏
责任编辑：曹威
营销编辑：杨扬